Michael Hein

Die Anwendung der Steppenheidetheorie auf das Altsiedelland in Sachsen-Anhalt

GRIN Verlag

Bibliografische Information der Deutschen Nationalbibliothek:

Die Deutsche Bibliothek verzeichnet diese Publikation in der Deutschen National-
bibliografie; detaillierte bibliografische Daten sind im Internet über http://dnb.d-
nb.de/ abrufbar.

Impressum:

Copyright © 2008 GRIN Verlag GmbH
Druck und Bindung: Books on Demand GmbH, Norderstedt Germany
ISBN: 978-3-640-76431-0

Dieses Buch bei GRIN:

http://www.grin.com/de/e-book/162705/die-anwendung-der-steppenheidetheorie-
auf-das-altsiedelland-in-sachsen-anhalt

Fakultät für Physik und Geowissenschaften
Institut für Geographie

Die Steppenheide-Theorie und ihre Anwendung auf das Altsiedelland in Sachsen-Anhalt

Modul: BA-PG-06

Michael Hein
3. Fachsemester Geographie, B. Sc.

I Inhaltsverzeichnis

Danksagung

Den Herren Dozenten danke ich für
die Aufstellung und Zuweisung dieses überaus spannenden Facharbeitsthemas, sowie für
die eine oder andere Unterstützung abseits des Seminars.

Dem Kommilitonen Andy Vogel danke ich für seine Hilfe und außerordentliche Geduld
beim stundenlangen Formatieren des Textes. Ohne ihn hätte ich nicht nur um die
rechtzeitige Fertigstellung der Arbeit, sondern auch um meine geistige Gesundheit zu
fürchten gehabt.

Meine besondere Dankbarkeit gilt natürlich meiner Freundin Marika. Sie hat mich bei
diesem fachlichen Detektivspiel partiell begleitet und zeitweilige Unausgeglichenheiten,
sowie Abwesenheiten meinerseits mit Selbstverständnis und Sanftmut aufgenommen und
moderiert.

Meinem Sohn Mikosch danke ich dafür, dass er tagtäglich die Welt mit bunten Farben
tüncht.

1. Einleitung

Der Botaniker, Siedlungsgeograph und Landeskundler Robert Gradmann (1865 bis 1950) stellte im ausgehenden 19. Jahrhundert für den süddeutschen Raum die bis dahin präzedenzlose These auf, die ersten jungsteinzeitlichen Ackerbauern hätten bei ihrer Ankunft aus dem vorderen Orient eine allenfalls lückenhaft bewaldete Landschaft vorgefunden. Die großen Lichtungen und waldfreien Stellen hätten ihnen seiner Meinung nach die Landnahme außerordentlich erleichtert, da nicht erst mühsame Rodungen vorgenommen werden mussten. Anlass zu diesem Postulat gab eine von Gradmann durchgeführte pflanzensoziologische Aufnahme der Schwäbischen Alb, bei der er überraschend viele Steppenpflanzen erkannte, woraus er auf ein zeitliches Zusammenfallen von steppenähnlicher Vegetation und früher Besiedlung schloss. Gradmanns Untersuchungen wirkten geradezu katalytisch auf ein Heer von Wissenschaftlern, die sich die Aufgabe stellten, die Standortansprüche der ersten Siedler und deren landschaftswirksames Handeln zu dechiffrieren. Urgeschichtliche Forschung bezeichnete GRADMANN (1924, S.241) schon sehr früh als ein "verwickeltes Grenzgebiet" zwischen Geographie, Geologie, Archäologie und Botanik, womit er ideologisch das Tor für fachübergreifende Disziplinen wie die Geoarchäologie oder die Archäobotanik weit aufstieß. Schlägt man heute ein Lexikon der Geographie auf, so firmiert die Steppenheide-Theorie darin unter Disziplingeschichte, ihre Inhalte gelten allgemein als widerlegt (MIEHE, S. 291). Die vorliegende Arbeit, „Die Steppenheide-Theorie und ihre Anwendung auf das Altsiedelland in Sachsen-Anhalt" beabsichtigt, *in sensu* Gradmann die Wald-Offenland-Verteilung dieses Gebietes bei Eintreffen der linienbandkeramischen Ackerbauern zu untersuchen, ohne sich dabei jedoch allzu nah an Gradmanns Methoden oder spezifische Aussagen anlehnen zu wollen. Lediglich das grobe Gedankenkonstrukt wird adaptiert und anhand aktuellerer Forschung der Archäologie, Geobotanik, Biostratigraphie, sowie der Bodenkunde überprüft.

2. Gradmanns „Steppenheide"-Theorie

Aus Gründen der räumlichen Disposition kann an dieser Stelle ausschließlich auf die Grundzüge von Gradmanns „Steppenheidetheorie" eingegangen werden, welche von ihm selbst übrigens niemals so bezeichnet wurde (GRADMANN 1933, S. 265). Es sei auf das Buch „Robert Gradmann: Vom Landpfarrer zum Professor für Geographie" verwiesen, um ausführliche Schilderungen seines Lebens und Werdegangs zu erhalten (SCHENK 2002). Wiewohl es dem Verständnis ebendieser Steppenheidetheorie zuträglich wäre, kann sein exzeptionelles Verdienst auf den Feldern der Botanik, Anthropologie, Pflanzengeographie, Landeskunde und Historischen Geographie unmöglich mehr als eine kurze Erwähnung finden. Dieser Vielfalt seiner Mittel sind jedoch seine mehrdimensionalen Thesen und Entwürfe geschuldet, die, als Beleg seiner Bedeutsamkeit, bis heute Gegenstand ausdauernder fachlicher Diskussionen sind.

Mit seiner botanischen Dissertation unter dem Titel „Das Pflanzenleben in der Schwäbischen Alb" war GRADMANN (1898, zit. in GRADMANN 1933, S. 265) der erste, der versuchte, die Bedeutung historischer Nutzung für die Genese der Kulturlandschaft auszuloten (MORRISSEY, S. 95). Zwar wurden im ausgehenden 19. Jahrhundert Zusammenhänge der Verbreitung der aktuellen xerothermen Vegetationgemeinschaften und der archäologisch belegten Siedlungstätigkeit im Frühneolithikum mehrfach postuliert (DRUDE & SCHORLER, 1895; KRAUSE, 1894), doch nirgends so akribisch verfolgt und diskutiert wie von GRADMANN (1901, 1906, 1924, 1933) für den südwestlichen Teil Deutschlands. Dort stieß ein verstärktes Vorkommen spezifischer „Leitpflanzen der östlichen und pontischen Steppen" (GRADMANN 1906, S. 307), namentlich an Gräsern und Kräutern, in der Nähe von neolithischen Siedlungsplätzen auf sein Interesse. So z.B. Bartgras (*Bothriochloa ischaemum*), Haar-Pfriemengras (*Stipa capillata*), Steinfeder (*Stipa pennata*), Dänischer Tragant (*Astragalus danicus*), Wimperperlgras (*Melica cilata*) und Zottiger Spitzkiel (*Oxytropis pilosa*). Den fraglichen Vegetationstyp nannte er „Steppenheide", bzw. „Steppenheidewald" (GRADMANN 1898, zit. in GRADMANN 1933, S. 265) und beschrieb diesen als urwüchsige Landschaft aus xerophilen Gräsern, Kräutern, sowie niederen Gehölzen und einzelnen Bäumen, der trockene und kalkreiche Gegenden bevorzugt (GRADMANN 1933, S. 266). Er nahm an, die Vertreter der Steppenheide seien im Spät- und Postglazial in ausgeprägtem Steppenklima aus Osteuropa eingewandert und hätten damals eine weitaus größere Verbreitung gehabt, bevor sie von Waldwuchs zurückgedrängt worden sind (ebd.). Die heutige Verbreitung stelle nurmehr ein Relikt auf Extremstandorten wie trockenen Hügeln, sonnigen Felsen und westexponierten Hängen dar (GRADMANN 1906, S. 307), wo Steppenheidepflanzen aber einen bestimmenden Faktor der dortigen Pflanzenformation darstellen. Gradmann glaubte an eine neolithische Besiedlung, bevor das spät- und postglaziale Steppenklima ausgeklungen war, also zu einer Zeit größerer Verbreitung der Steppenheide. So seien die ersten Siedler an waldfreie Stellen gelockt worden, wo ohne allzu mühsame Rodung ein Pflanzenbau möglich war (GRADMANN 1906, S. 316). Gradmann hielt die lichte Vegetation der Steppenheide für siedlungsfreundlich, weil leicht zugänglich. Dicht geschlossenen Wald hingegen erachtete er als siedlungsfeindlich (ebd). Mit „waldfreien Stellen der Steppenheide" will GRADMANN (1933, S. 268) allerdings nicht „waldfreie Großlandschaften" oder gar „baumfreie Stellen" verstanden wissen, sondern eher größere, thermisch begünstigte Lichtungen. Zudem sei „siedlungsfreundlich" jeder Zustand der Vegetation, der sich im Vergleich zum geschlossenen Wald etwas mehr dem Steppenzustand nähert (GRADMANN, 1933, S. 269). Die Siedler ihrerseits hätten durch ihr Wirtschaften auch bei dem später feuchter werdenden Klima die komplette Bewaldung dieser Lichtungen verhindert und somit die Habitate für die Steppenheidepflanzen zum Teil erhalten, sodass diese noch immer in Mitteleuropa verinselt zu finden sind (GRADMANN 1933, S. 266). Wo keine Besiedlung stattfand, wurden die Waldlücken hingegen vollständig geschlossen.
Obwohl Gradmann nur weitgehende nicht vollkommene oder topographisch genaue

Übereinstimmung der Steppenheide mit jungsteinzeitlicher Besiedlung unterstellte und stets die Thesenhaftigkeit seiner Ausführungen betonte, sollen hier einige grobe Fehldeutungen der Genauigkeit halber aufgelöst werden (vgl. SCHENK, S. 75).

- Die Siedlungsfeindlichkeit des Waldes gilt als widerlegt. Die Wälder wurden wohl ohnehin nicht gerodet, sondern durch Nutzung aufgelichtet (s. Kapitel zur Archäologie). Im Gegenteil ist ein gewisser Baumbestand aufgrund des enormen Holzbedarfs der Bandkeramischen Kultur unabdingbar. Zudem haben praktische Versuche mit rekonstruierten Steinbeilen ergeben, dass das Roden von Wäldern für die Bandkeramiker prinzipiell technisch durchführbar war (GEHRT et al., S. 23).
- Die zeitliche Einordnung des Beginns der Neolithischen Revolution um 2800 v. Chr. unter trocken-warmen Bedingungen entsprach dem Forschungsstand seiner Zeit. Mittlerweile setzt man die Neolithisierung etwa 5500 v. Chr. an und geht von zwar warmem, aber nicht sonderlich trockenem Klima im mittleren Atlantikum aus (MORRISSEY, S. 98).
- Die Vorstellung der Siedlungskontinuität seit dem Neolithikum, welche Gradmanns Werk implizit innewohnt, ist wohl nicht haltbar; zu turbulent waren zwischenzeitlich die die Abschnitte der Völkerwanderung und des Mittelalters.

3. Einführung in das Untersuchungsgebiet

Das Gebiet des sachsen-anhaltinischen Altsiedellandes befindet sich naturgemäß innerhalb der administrativen Grenzen ebendieses Bundeslandes, spart jedoch den Harz, die Altmark und weite Teile östlich der Elbe mehr oder weniger aus (Abb.1). Die restlichen Flächen werden als das Untersuchungsgebiet der vorliegenden Arbeit betrachtet. Es beherbergt die frappierende Zahl von über 100.000 prähistorischen Fundstellen, die tatsächliche räumliche Ausdehnung dieser Plätze beträgt mehr als 9% der gesamten Landesfläche (SCHWARZ, zit. in KLEBER et al., S. 293).

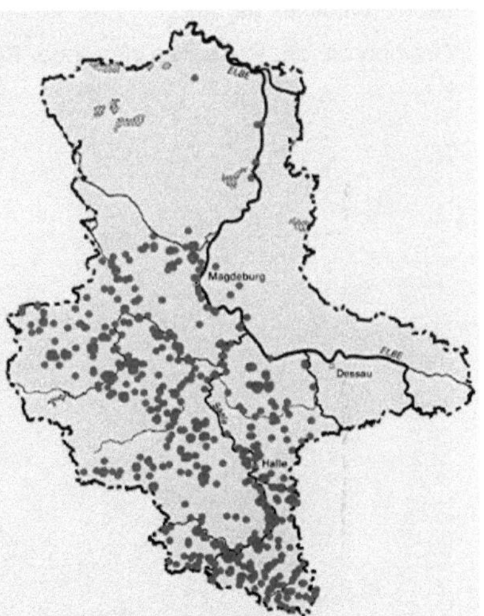

Abb. 1: Verbreitung der linienbandkeramischen Kultur in Sachsen-Anhalt (MELLER, S. 17)

Im Untersuchungsgebiet wird ein Ausschnitt des mitteleuropäischen Übergangsraumes zwischen dem Tiefland glazialer Prägung und der Mittelgebirgsschwelle umfasst. Dementsprechend waren geologisch-tektonische Parameter der Festgesteinsoberfläche und glaziale/glazifluviale Reliefformen nebst tertiärer und quartärer Denudation an der Ausgestaltung des Naturraumes beteiligt (KUGLER & VILLWOCK S. 23). Ein Großteil des Untersuchungsgebietes wird vom Halle-Leipziger Plattenland vereinnahmt. Dessen westliche und südliche Bereiche (Hallesches und Weißenfelser Lösshügelland, östliches Harzvorland) sind durch Plateaus tertiärer Flächenbildung geprägt, während der geologische Untergrund von mesozoischen Sediment gebildet wird. Östlich der Hallestörung treten permokarbonische Gesteine auf. Das Reliefbild wird von flachen, mit Dellen und Sohlenkerbtälern gegliederen Plateaus bestimmt (KUGLER & VILLWOCK S. 25). Dieses Plattenland ist zugleich das Hauptverbreitungsgebiet der weichselzeitlichen Lössdecken, die im gesamten Untersuchungsgebiet fruchtbare Börden bilden. Gegen den Harz gehen diese Lösse in Lössderivate über. Die nord-nordöstliche Grenze der Lössverbreitung folgt zunächst in etwa der Verbindungslinie Leipzig-Magdeburg, um dann in Richtung Köthen nach Westen abzubiegen. . Dieser Grenze schließt sich ein unterschiedlich breiter Saum aus Sandlössen an (ALTERMANN 1995, S. 27). Bodengeographisch wird die Lösslandschaft von Schwarzerde beherrscht. Neben typischen Tschernosemen treten auch Braunerde-Tschernoseme und in Richtung de Sandlössstandorte Parabraunerde-Tschernoseme und Tschernosem-Parabraunerden auf (ALTERMANN et al. 2005, 727). In reliefiertem Terrain existieren erosionsbedingt verschiedene Gradienten zu Pararendzinen und Kolluvisolen (ebd.). In Sachsen-Anhalt ist der Anteil der Schwarzerden an der Gebietsfläche mit fast 20% höher als in jedem anderen Bundesland, weshalb es auch den Beinamen „Tschernosem-Staat" erhielt (Altermann et al., S. 729).

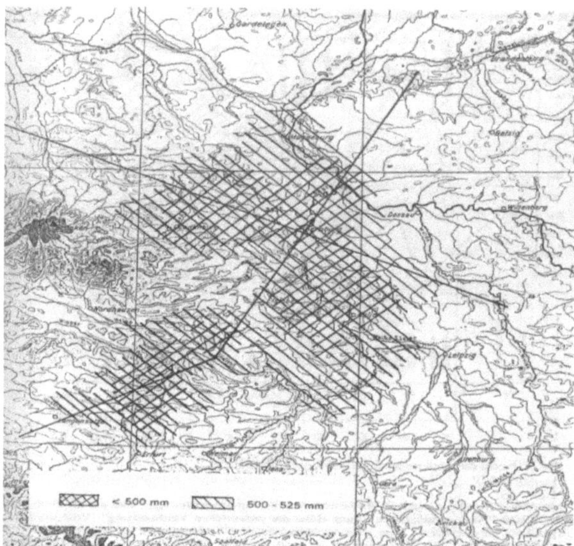

Abb. 2: Verbreitung des mitteldeutschen Trockengebiets gekenzeichnet durch die mittleren jährlichen Niederschlagssummen 1951-1980 (SCHUHMANN & MÜLLER, S. 45)

<u>Klima</u>: Das Untersuchungsgebiet weist eine große Übereinstimmung mit dem sachsen-anhaltinischen Teil des mitteldeutschen Trockengebietes auf, welches als eines der trockensten Gebiete Deutschlands anzusehen ist (SCHUHMANN & MÜLLER, S. 43). Ursache dafür ist seine Lage im direkten Regenschatten des Harzes, welche mittlere Jahresniederschlagssummen von 460 bis 550 mm zur Folge hat (Abb. 2). Dem steht eine reale Verdunstung von etwa 450 mm gegenüber, woraus sich im Verbund mit der hohen Wasserhaltekapazität der anstehenden Lössböden nur sehr eingeschränkte Möglichkeiten zur Grundwasserneubildung ergeben (SCHUHMANN & MÜLLER, S. 43). Gegen die marginalen Bereiche des Trockengebietes steigen die Niederschlagssummen gradientenhaft an.

<u>Vegetation</u>:
Die potentiell natürliche Vegetation wird in ihrer Ausprägung durch die Standortverhältnisse und auch die wechselvolle Nutzungsgeschichte der Ökosysteme bestimmt. Für das Untersuchungsgebiet wird ein Traubeneichen-Hainbuchen-Waldgebiet mit naturnahen subkontinentalen und submediterranen Grasfluren ausgewiesen (*Galio-Carpinetum tilietosum*). Er beherbergt einige Frühjahrsgeophyten, mehrere subkontinental-zentraleuropäisch-sarmatische Waldstauden, sowie eine Vielzahl submediterran/montan-zentraleuropäisch-sarmatischer Waldkräuter (WEINERT, S. 49). Die Grenzen des Trockengebietes werden dabei pflanzengeographisch nachgezeichnet.

4. Zum Beitrag der Archäologie

4.1. Die Entwicklung und Lebensweise der linienbandkeramischen Kultur

Da die Linienbandkeramik den zeitlichen Schwerpunkt dieser Arbeit darstellt, soll nicht versäumt werden, in die archäologischen Grundlagen einzuführen. Schließlich ist die Art der bandkeramischen In-Kultur-Nahme der Naturlandschaft für die Siedlungsplatzwahl von großem Belang, insbesondere die agrarökologischen Standortansprüche, sowie der Holzbedarf der Siedler. Die linienbandkeramische Kultur (7500 bis 6800 Jahre vor heute) markiert den Beginn der Neolithisierung und mithin des Ackerbaus in Mitteldeutschland. Ihren Namen verdankt sie den kurvigen und winkeligen Bandmustern auf ihren Tongefäßen (MELLER, S.16). Dieser Übergang von Wildbeutertum und Sammlertätigkeit zu Pflanzenbau und Viehhaltung, an dem der Mensch beginnt, sich vom unbeständigen Nahrungsangebot der Natur unabhängig zu machen und in wachsendem Maße seine nähere Umwelt manipulieren, wird auch „Neolithische Revolution" genannt (MELLER S. 9). Ausgangspunkt für die Entwicklung des (vorerst noch akeramischen) Bauerntums war vor ca. 11000 Jahren der „Fruchtbare Halbmond" im Grenzgebiet von Türkei,

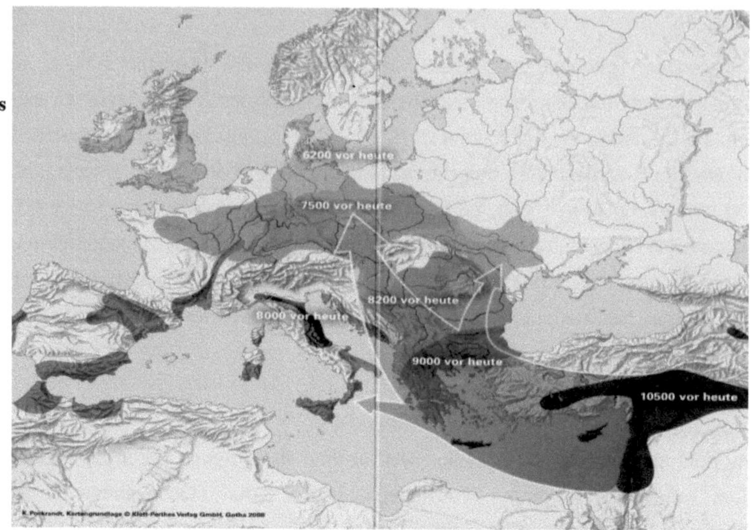

Abb. 3: Ausbreitung des vorderasiatischen Bauerntums nach Europa (MELLER, S. 235)

Syrien, Iran und Irak (LANG, S. 234). In dieser Region überschnitten sich die natürlichen Habitate der Wildformen von Getreide, Linse, Erbse, Ackerbohne, Schaf und Ziege (ebd.). Pflanzungen und Domestikation dienten in Zeiten zunehmender Trockenheit im Postglazial zunächst der Ergänzung des Speiseplans bei ausbleibendem Jagd- und Sammelglück. Eine direkte Folge waren schrittweise ortsfestes Leben, höhere Geburtenraten, Bevölkerungsanstieg und also Migration (MELLER, S. 12). Aus dem vorderen Orient gelangten die Bauerngruppen etappenartig über den südosteuropäischen Donauraum, wo die Kunst der Keramik entwickelt wurde, in wenigen hundert Jahren bis nach Mitteldeutschland (LANG, S. 234 ff.). Als die Neolithiker vor etwa 7500 Jahren unseren Raum erreichten, hatten sie bereits Saatgut, Vieh, Hausbau, Keramik, Textilien und Steinbearbeitungstechniken im Gepäck, außerdem Bräuche und Glaube (MELLER, S. 8), sowie Zubereitungs- und Konservierungsarten (MELLER, S. 120). Es soll allerdings nicht verschwiegen werden, dass es neben der Einwanderung vollneolithischer Kulturen auch die These der durch äußere Einflüsse hervorgerufenen autochthonen Neolithisierung gibt, wonach einheimische mesolithische Wildbeuter die technischen und strategischen Innovation adaptiert haben (HOIKA, 1993, zit. in SCHWEIZER, S. 115 f).

Das Wirtschaftsgebiet der ersten Siedlungskammern betrug ca. 1500 m im Durchmesser und ermöglichte Hausbau, Jagen und Sammeln, Weidewirtschaft und Ackerbau (LINKE 1976, zit. in OSTRITZ 1991). Bevorzugte Feldfrüchte in Mitteldeutschland waren Emmer und Einkorn, Erbsen, Linsen, aber z.T. auch Gerste und Hirse. Desweiteren sind Lein als Öl- und Faserlieferant, sowie Schlafmohn als Öl- und Drogenpflanze verbürgt (MELLER, S. 138). Zur Anbaumethode werden Fruchtwechselkultur, lange Brachezyklen und Hackbau angenommen (BEIER & EINICKE, S. 24). Paläodemographischen Schätzungen zufolge (MODDERMANN, S. 39) umfassten die ersten Siedlungen bis zu zehn Häuser mit jeweils 5 bis 6 Personen. Diese Häuser waren 40*8 m groß und wurden in Pfostenbauweise aus Eichenholz errichtet (MELLER, S. 22). Der Holzbedarf dürfte also recht hoch gewesen sein, wenn man zusätzlich weitere Bauten wie Grabkammern, Brunnen, Zäune und Palisaden bedenkt, sowie die Fertigung zahlreicher Waffen und Geräte, das Backen, Heizen, Beleuchten und Keramikbrennen (MELLER, S. 152). Jedoch diente der Wald nicht nur als bloßer Rohstofflieferant, sondern auch als Nahrungsquelle für das Vieh. Eingedenk des wärmeren Klimas im Atlantikum ist ganzjährig mit Tierverbiss durch Waldweide zu rechnen, teilweise hat aber wohl über den Winter auch Rinden- und Laubfütterung in Ställen stattgefunden (MELLER, S. 120). Diese Wirtschafts- und Lebensweise der Linienbandkeramiker macht die primäre Besiedlung baumloser Steppen sehr unwahrscheinlich, negiert aber im Umkehrschluss keineswegs die Wahl parkähnlicher Waldsteppen- oder Steppenheidegebiete als Standorte. Nimmt man jedoch eine vollständig dichte Bewaldung zum Zeitpunkt der Erstbesiedlung an, hätte die skizzierte, wenngleich extensive Bewirtschaftung doch eine rasche Auflichtung der Wälder zur Folge gehabt (Abb. 4).

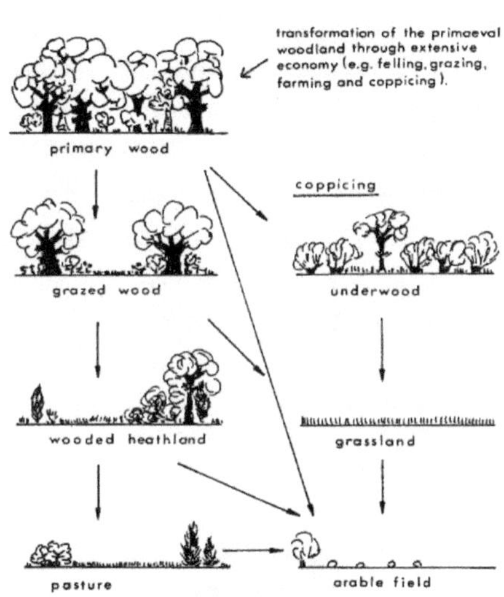

Abb. 4: Schema der Walddegradation bei extensiver Landnutzung (POTT, S. 58)

4. 2. Zur Siedlungsplatzwahl der Linienbandkeramiker aus archäologischer Sicht

Während die Kultur der ersten Ackerbauern sehr gut bekannt scheint, ist das Wie und Warum der eigentlichen Wahl des Siedlungsstandortes offenbar weniger umfassend untersucht. Nur die maßgebliche und nachvollziehbare Nähe der Siedlungen zu Gewässern gilt als unstrittig. Zwar herrscht in sämtlichen Arbeiten ebenso Konsens über die außergewöhnliche Bevorzugung von Lössgebieten (BEIER & EINICKE, S. 23), jedoch wird dieser Umstand kaum je erklärt, noch hinterfragt. SABEL (1983, S. 171) vermutet, dass die bandkeramischen Siedler an hochwertigen Böden mit günstigen Wasserhaushalt in der Nähe perennierender Gewässer interessiert gewesen seien. Diese Bedingungen wären in trocken-warmen Lössgebieten mit ihren deutlich eingeschnittenen und dicht gescharten Entwässerungssystem durchaus gegeben (ebd.) Erstmals jedoch hat OSTRITZ (1991) durch statistische Methoden die nichtzufällige Auswahl des

Siedlungsplatzortes anhand der durchschnittlichen Naturraumausstattung wirklich belegt (OSTRITZ, S. 335; Abb. 5). Dafür wurden 123 Siedlungsplätze im Süden der ehemaligen DDR mittels einer Faktoranalyse untersucht, wobei gemäß dem aktualistischen Prinzip folgende vereinfachenden Annahmen gemacht wurden (OSTRITZ, S. 333f): (i) Die heutigen Reliefverhältnisse sind ungefähr auf das Frühneolithikum übertragbar, auch das Gewässernetz ist rekonstruierbar. (ii) Die Klimafaktoren sind zwar nicht mit ihren Mittelwerten, wohl aber in ihrer Verteilung übertragbar. Die rezent trockensten Gebiete wurden also auch schon vor 7500 Jahren mit dem wenigsten Niederschlag bedacht. (iii) Die oberflächennahen Substrate sind, mit Ausnahme von syn-, oder nachbandkeramischen wie Auenlehm und Kolluvien ebenfalls weitgehend zu übertragen. Bei dieser Analyse wurden im Wesentlichen zwei Faktoren extrahiert. Zum einen die Bodenfruchtbarkeit, definiert durch die Nährstoffverfügbarkeit und zum anderen die Ertragssicherheit, definiert durch das Wasserspeichervermögen der Substrate. Die Nord- und Ostgrenze der Siedlungstätigkeit im mitteldeutschen Raum ist demnach wegen des Anspruchs an Bodenfruchtbarkeit und Ertragssicherheit deutlich an die Lössverbreitung gebunden (OSTRITZ, S. 339f). Nach Süden und Westen werden die Fundstellen durch die heutige 8 °C-Isotherme, bzw. das Gebiet mit dem mittleren Beginn der Schneeglöckchenblüte vor dem 60. Tag des Jahres

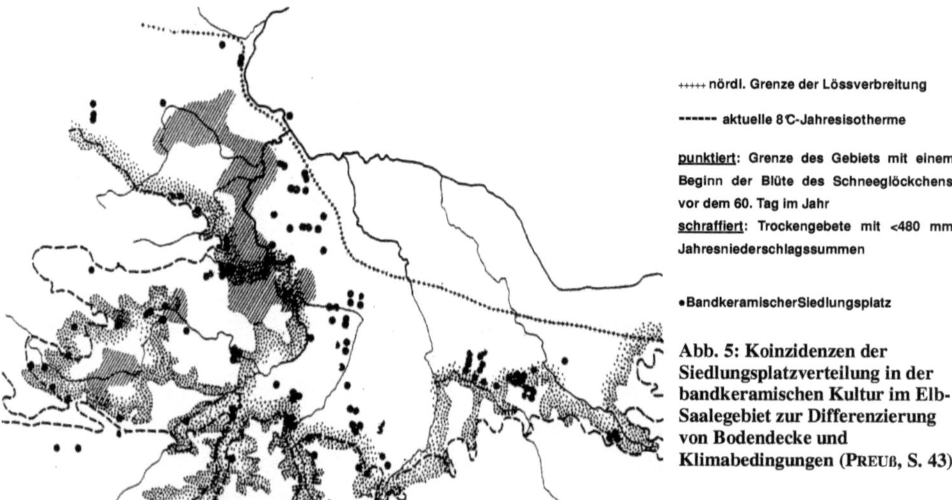

Abb. 5: Koinzidenzen der Siedlungsplatzverteilung in der bandkeramischen Kultur im Elb-Saalegebiet zur Differenzierung von Bodendecke und Klimabedingungen (PREUß, S. 43)

begrenzt. Somit scheint die Temperaturverteilung des Frühjahrs eine gewisse Auswirkung auf die Siedlungstätigkeit gehabt zu haben (OSTRITZ, S. 342). Darüber hinaus wurde eine relative Intoleranz gegenüber sehr geringen Niederschlägen festgestellt, was die Ausdünnung der nachgewiesenen Siedlungsplätze im Kern des heutigen Trockengebiets erklärt (OSTRITZ, S. 340). Daraus wird geschlossen, dass die Linienbandkeramiker scheinbar die Gebiete heutiger Schwarzerden gemieden haben (ebd.). Im Widerspruch dazu hat BUSCH (zit. in GEHRT et al., S. 21) festgestellt, dass das bandkeramische Siedlungsmuster weniger mit dem Löss korreliert, sondern vielmehr gerade mit der Verbreitung der Schwarzerden zusammenfällt. Auch THIEMEYER (zit. in KLEBER, S. 293) schließt sich dieser zweiten Lesart an. Für die Köln-Bonner Bucht und Südniedersachsen ist diese Beziehung gar hochauflösend graphisch nachgewiesen (GEHRT., S. 25). Die eigentliche Kernfrage, die auch den Impetus der vorliegenden Arbeit darstellt, lautet jedoch, wie die migrierenden Ackerbauern zielstrebig die edaphisch und agrarisch besten Standortbedingungen aufsuchen konnten. OSTRITZ (S. 342) interpretiert seine Ergebnisse dahingehend, dass er den Neolithikern das Vermögen zuschreibt, vermittelst Beobachtung der Bodendecke durchaus eine einfache empiriebasierte Substrat- und Bodenanalyse durchführen zu können. Darüber hinaus wird eine große Einsicht der Bandkeramiker in geobotanische Zusammenhänge unterstellt, die die favorisierten Umweltbedingungen durch die Vegetation verifizieren ließ (ebd.). Das bloße stereotype Aufsuchen einzelner Pflanzen oder bekannter Gesellschaften hätte aufgrund der Wanderungsbewegung der Ackerbauern durch mehrere Vegetationszonen sicher nur schwerlich funktioniert. Außerdem waren die Pflanzengesellschaften wegen der postglazialen Sukzession wohl auch noch veränderlicher als heute. Zu alledem waren die Bandkeramiker nach archäologischen Befunden offenbar flexibel genug, entsprechend der Umweltbedingungen ihren Wirtschaftsschwerpunkt wahlweise auf Ackerbau oder Viehhaltung zu verlagern (OSTRITZ, S. 342). Ein höherer Waldanteil förderte die Viehhaltung, wohingegen ein höherer Offenlandanteil dem Pflanzenbau Vorschub leistete. Dieses differenzierte Bild vom Linienbandkeramiker als kultiviertem, reflektiertem Naturbeobachter lässt die Relevanz der Wald-Offenland-Verteilung für die Siedlungsplatzwahl etwas in den Hintergrund treten, da widrige Bedingungen womöglich entweder kompensiert oder schlichtweg gemieden werden konnten.

5. Zum Beitrag der Geobotanik

Robert GRADMANN (1924, S. 241) war der Meinung, dass, zur Klärung des Siedlungsverhaltens der ersten Ackerbauern, anhand der Pflanzenverbreitung der Gegenwart und ihrer regionalen Differenzierung durchaus Rückschlüsse auf die Paläoumwelt gezogen werden könnten. Mittlerweile gilt die Existenz und relikthafte Verbreitung des von Gradmann als Steppenheide bezeichneten Vegetationstyps durch geobotanische Studien als gesichert (MORRISSEY, S. 97). Zu deren Verifizierung wurden nicht lediglich die Verbreitungsbilder einzelner xerotherm geprägter Pflanzen- und Tierarten in Mitteleuropa untersucht. Im Zentrum des Interesses stand vielmehr eine Vegetationsgemeinschaft aus lichten Waldungen, Gebüschen und Magerrasen, die auf naturnahen Standorten in kleinräumigen Mosaiken bis zur Gegenwart überliefert worden ist (ELLENBERG 1963, S. 227f). Danach beschreibt der Begriff Steppenheide lichte Baumbestände, sowie gehölzarme oder gehölzfreie Magerrasen, deren Kräuter, Gräser niedrige Halbsträucher und Bäume periodische Trockenheit zu überdauern vermögen und ihre Hauptverbreitung in den Trockengebieten der gemäßigten Breiten haben (ELLENBERG 1963, S. 597). ELLENBERG (1996, S. 284) verwendet fast deckungsgleich den Begriff „wärmeliebende Eichenmischwälder", da die Flaumeichen (*Quercus pubescens*) im Wesentlichen die Baumkomponente der Steppenheiden darstellen. Es trifft diese Definition zunächst noch keine Aussage über die Ursache des fraglichen Vegetationscharakters. Gegenwärtig sind die xerothermen Pflanzengemeinschaften in Beckenlandschaften mit geringen Niederschlägen, sowie kalkreichen Böden zu finden (PREUß, S. 38). Bereits GRADMANN (1906, S. 308) nennt vor allem den Ostrand des Harzes einen Raum, „wo das Steppenelement in ausgezeichneten Fundorten vertreten ist". Dort besetzen diese Gemeinschaften wegen ihrer geringen Dürreempfindlichkeit besonders Extremstandorte, wie sonnige Trockenhänge, wohin sie von Schatt- und Halbschatthölzern verdrängt worden sind (ELLENBERG 1996, S. 284). So krummwüchsig und lückig wie heute auf diesen Standorten darf man sich die Wälder zur Zeit der Linienbandkeramik aber keinesfalls vorstellen. Nicht der Zustand, sondern eine gewisse Artenkombination wurde überliefert (PREUß, S. 39).

Ein hinreichreichender Nachweis für die Koinzidenz zwischen Merkmalen der Vegetation zum einen und siedlungsgeographischen Befunden zum anderen kann jedoch nur durch den Vergleich detaillierter jeweiliger Karten erbracht werden, ahnte schon GRADMANN (1924, S. 253). Erst in jüngerer Zeit wurde diese alte Vorstellung schrittweise verwirklicht. So hat ein interdisziplinäres Team am Institut für Prähistorische Archäologie der Universität Halle im Rahmen einer Monographie zum Neolithikum (PREUß 1998) eine archäologische Karte der neolithischen Periode im Maßstab 1:2,5 Mio. erarbeitet. Parallel wurde durch die International Union of Biological Sciences (IUBS) eine geobotanische Karte identischen Maßstabs für den gesamten europäischen Kontinent entwickelt. Subjekt dieser Kartierung war die aktuelle potentiell natürliche Vegetation (JÄGER & NEUHÄUSL, S. 78). Das Konzept der „Steppenheide" erwies sich als wenig kompatibel mit aktuellen, potentiell natürlichen Vegetationseinheiten, umfasst der Begriff doch viele Typen von Wald- und Offenlandvegetation, modifiziert durch xerotherme Komponenten (JÄGER & NEUHÄUSL, S. 79). Ebenso wenig kann man die Steppenheide einer bestimmten Einheit (Assoziation, Verband, Ordnung oder Klasse) im System der modernen Geobotanik zuordnen (PREUß, S. 37). Für die Verschneidung mit der archäologischen Karte wurden daher alle diejenigen Vegetationseinheiten ausgewählt, die sich auszeichneten durch eine thermophile Komponente oder xerothermsubkontinentale Prägung (PREUß, S. 38). Das Ergebnis (Abb. 6) ist eine überraschend hohe Kongruenz der Kartierinhalte für den Zeitraum der neolithischen Landnahme (JÄGER & NEUHÄUSL, S. 79). Mittels dieser Synthesekarte wurde also die von Gradmann postulierte weitgehende Übereinstimmung bandkeramischer Siedlungsräume und Vegetationsgemeinschaften mit Merkmalen der Steppenheide(-wälder) für einige Teile Mitteleuropas bestätigt, für andere gar erstmalig belegt (PREUß, S. 38). Zur Deutung und paläoökologischen Bewertung dieser Koinzidenz werden bei PREUß (1998, S. 39) mehrere Interpretationen verschiedener Autoren angeboten:

- Die Rodungstätigkeit neolithischer Ackerbauern schafft lichte, warme Standorte, in welche die osteuropäische Steppenvegetation immigriert.

- Es existierten im Sinne Gradmanns klimatisch und edaphisch bedingt natürliche locker bewaldete Gebiete mit größeren Lichtungen, die für die Steppeheidevegetation und neolithische Siedler gleichermaßen interessant waren.

- Erst die niederwaldartige Nutzung, Viehverbiss, sowie zeitweiliges Abbrennen der Gehölzbestände begünstigt die Ausbreitung der xerothermen Vegetationgemeinschaften. Außerhalb der Siedlungskammern existierten lichte, sonnendurchwärmte Buschwälder, die leicht zu Offenlandflächen degradiert wurden.

Evident ist in jedem Fall, dass die aktuellen geobotanischen Feststellungen mit einem irgendgearteten Landnutzungsmuster in Zusammenhang stehen, welches im Frühneolithikum wirksam wurde (PREUß, S. 40)

Ob jedoch die xerotherme Vegetation ein Überbleibsel spätglazialer Klimabedingungen und bevorzugter Siedlungsraum der Bandkeramiker war, oder ob ihre Immigration aus dem südöstlichen Gebieten erst durch die neolithische Landnutzung gefördert wurde, kann zum jetzigen Zeitpunkt nicht abschließend geklärt werden (JÄGER & NEUHÄUSL, S. 79). Eine naturbestimmte Lesart steht einer handlungszentrierten Lesart gegenüber.

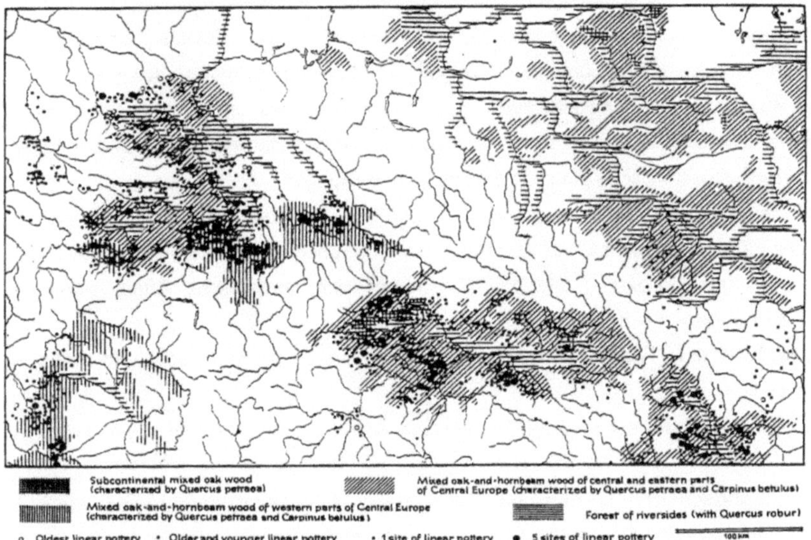

Abb. 6: Das Verbreitungsmuster aktueller xerothermer Vegetation (Steppenheide) und dessen Koinzidenz mit linienbandkeramischen Siedlungen (JÄGER & NEUHÄUSL, S. 77) – Anm.: der mitteldeutsche Raum befindet sich in der Abb. oben links

6. Zum Beitrag der Biostratigraphie

6. 1. Malakoanalyse

6. 1. 1. Der Wert der Mollusken für die Landschaftsrekonstruktion

Die Untersuchung von synsedimentär abgelagerten Mollusken, also Schnecken und Muscheln, vermag wertvolle Hinweise auf das Bildungsmilieu jungquartärer Sedimente zu geben, bei Wasserarten auch auf die chemisch-biologische Gewässergüte. Da die Ansprüche heutiger Arten an ihre Lebensräume hinreichend bekannt sind und Mollusken sich aufgrund ihrer relativen Immobilität stenök verhalten (d.h. einen geringen ökologischen Toleranzbereich aufweisen), können im Analogieschluss die Umweltbedingungen zur Zeit der Sedimentation oder Konservierung nachvollzogen werden (JANKE, 389 ff). So ermöglichen Landarten Aussagen zu Offenheitsgrad und Feuchteregime der Landschaft. Wasserarten geben zu Größe, Salinitätsgrad und Bewegtheit des Gewässers Auskunft und werden auch häufig bei aktuellen gewässerökologischen Fragestellungen herangezogen. Während Wasserarten nach dem Absterben *per se* Erhaltungsbedingungen durch Luftabschluss erfahren, müssen terrestrische Arten beispielsweise durch wachsenden Löss, kolluviale und fluviale Umlagerung, Hangrutschungen oder Bergstürze überdeckt werden, um erhalten zu bleiben (JANKE, 386f). Zudem ist die Konservierung der Kalkschalen an den pH-Wert des umgebenden Sediments gebunden. Schwarzerdegebiete weisen somit wegen der primär basischen Substrate und geringer Niederschläge überdurchschnittliche günstige Erhaltungsbedingungen auf.

Besonders die terrestrischen Arten sind hilfreich, den Offenheitsgrad der frühneolithischen Naturlandschaft zu ermitteln, weshalb die Wasserarten in der vorliegenden Arbeit nicht weiter von Belang sein sollen. Nach LOŽEK (1986 S. 734) lassen sich terrestrische Arten folgenden Lebensräumen zuordnen:

- **geschlossene Wälder nichtfeuchter Standorte**, in denen *Acicula polita* und *Aegopis verticillus* vorkommen,
- **feuchte Waldstandorte**, mit *Perforatella bidentata*, *Monachoides vicina*, *Vestia turgida* und *Vestia gulo*
- **halboffene Landschaften**, **Gärten** und **Waldränder** werden bevorzugt von *Helix pomatia* (Weinbergschnecke) und *Cepeae hortensis* (Garten-Schnirkelschnecke) bewohnt,
- Arten der **Offenflächen** sind *Pupilla muscorum*, *Vallonia pulchella* und *Vertigo pymaea*,
- **Trockenstandorte** beherbergen *Cochlicopa lubricella* und *Euomphalia strigella*,
- **Steppen** und **Xerothermhänge** werden von *Chondrina*, *Chrondula*, *Granaria*, *Heidlineae* und *Pyramidula* besiedelt, (die Arten der drei letztgenannten Lebensräume dürfen als

repräsentativ für mitteleuropäische Lössgebiete gelten, [ebd.], [Abb. 7])

- **feuchtnasse Standorte** werden von *Carychium tridentatum*, *Nesovitrea petronella* und *Vertigo substriata* bevorzugt und
- Arten der **Sümpfe, Moore** und **Ufer** sind *Carychium minimum*, *Vertigo antivertigo*, sowie *Zonitoides nitidus*.

6. 1. 2. Methodologische Grundlagen

Zur Bestimmung der Mollusken wird eine luftgetrocknete Probe des tragenden Sediments in einem Gefäß mit Wasser aufgeschwämmt. Das führt dazu, dass die meisten Molluskenschalen obenauf schwimmen und abgeschöpft werden können. Alle restlichen Schalen werden durch Siebung gewonnen. Generell ist der Molluskenreichtum eines fossilen Sedimentkörpers nicht groß

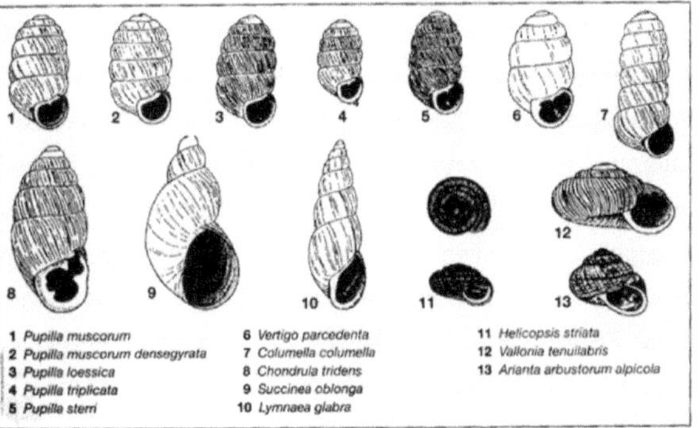

Abb. 7: Mitteleuropäische Lössmollusken (JANKE, S. 389, nach LOŽEK 1965)

genug, ein komplettes Artenspektrum zu erfassen. Deshalb sind große Aufschlusswände erforderlich, um zumindest 50 gut erhaltene, bestimmbare Exemplare zu erhalten. Das Schalenmaterial in Bohrkernen ist in der Regel für eine Untersuchung nicht ausreichend (JANKE, 393ff). Bei der Analyse werden über die qualitativen Merkmale hinaus auch der Gesamtbesatz, sowie Anteil einzelner Arten an eben diesem erfasst.

6. 1. 3. Malakoanalytische Befunde im Untersuchungsgebiet

Nach MANIA (1995, S. 37f) koinzidieren die Molluskengesellschaften des Spätglazials und frühen Holozäns stark mit der entsprechenden Vegetationsentwicklung. Einer artenarmen Lösssteppenfauna folgte zunächst eine Tundrenfauna, sowie die ersten Arten des Waldes im Alleröd. Parallel zur folgenden Waldsukzession bildeten sich flächendeckend typische, artenreiche Waldfaunen. Zahlreiche Untersuchungen in Sachsen-Anhalt und Thüringen (MANIA 1972, 1973) zeigen jedoch, dass diese Waldfaunen im Mitteldeutschen Trockengebiet, abgesehen von einigen Taxa der Auwälder, weitgehend fehlen. Vielmehr finden sich hier vorrangig Steppenarten wie *Chrondula tridens*, *Helicopsis striata* und *Pupilla triplicata*, die die charakteristische Fauna der

Tschernosenwiesensteppen darstellen. Diese Arten waren im Frühholozän stärker verbreitet, wurden seit Beginn der Wiederbewaldung aber sukzessive in die trockensten Zonen zurückgedrängt (MANIA 1995, S. 38). Die Verbreitung dieser Arten fällt mit dem rezenten Schwarzerdegebiet zusammen (Abb. 8). Es existierten dort zu Beginn des Atlantikums offenbar lichte, lockere Eichenmischwälder, durchsetzt mit steppenartigen Grasfluren, welche durchaus größere waldfreie Gebiete formiert haben können, während Gehölzpflanzen weitgehend die Flusstäler dominiert haben. Diese Landschaft hätten auch die ersten Ackerbauern vorgefunden, die laut MANIA (1995, S. 38) durch die Nutzung des Raumes die konsequent weitere Verbreitung und mithin der Schluss der Wälder unterbanden. Es ist anzunehmen, dass Verbiss durch Weideviehhaltung dabei eine erhebliche Rolle gespielt hat. So hätte das anthropogene Einwirken die wahrscheinlich frühholozän entstandenen Schwarzerden konserviert. In den feuchteren Randgebieten des Trockengebietes konnte hingegen dichter Wald Fuß fassen, welcher jedoch im späteren Verlauf des neolithischen Siedlungsausbaus erneut dem Offenland weichen musste. Die Steppenarten der Mollusken zeichnen diese Entwicklung nach, gebärden sich somit als Kulturfolger. Die zeitweilig prä- und frühneolithisch bewaldeten Gebiete bilden heute einen Saum aus degradierten Schwarzerden, der die unveränderten Schwarzerden umgibt (MANIA 1995, S. 38). An der Beweisführung mittels Mollusken ist wiederholt kritisiert worden, dass diese nur für sehr lokal begrenzte Verhältnisse überhaupt als aussagekräftig gelten kann (z.B. ECKMEIER et al., S. 294). Allerdings folgen die malakologischen Befunde im mitteldeutschen Raum offenbar einer zwingenden Regelhaftigkeit. Darüber hinaus entstammen die untersuchten Mollusken fast ausschließlich kolluvialen Sedimenten, für deren Entstehung in einem größeren Gebiet eine allenfalls spärliche Bodenbedeckung angenommen werden muss. Zu skeptisch zu hinterfragen ist jedoch, ob die verhältnismäßig geringe Zahl untersuchter Molluskenprofile zu einer gesicherten Aussage hinsichtlich der Wald-Offenland-Verteilung führen kann.

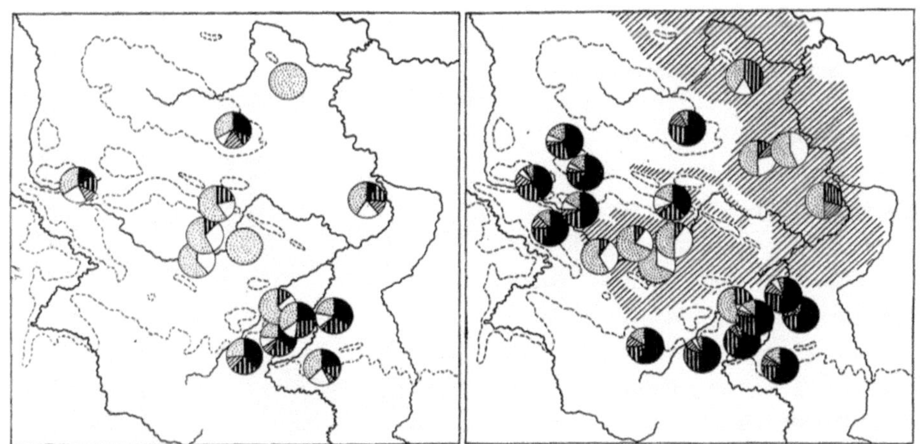

Abb. 8: Verbreitung terrestrischer Mollusken im mittleren Elb-Saalegebiet während des Boreals (links) und des Atlantikums (rechts) (MANIA 1995, S. 40) schräg schraffierte Gebiete: Verbreitung der Schwarzerde und degradierten Schwarzerde

punktiert: Arten der offenen Landschaft weiß: echte Steppenarten schwarz: echte Waldarten gestreift: Waldsteppenarten schraffiert: Aue- und Sumpfwaldarten

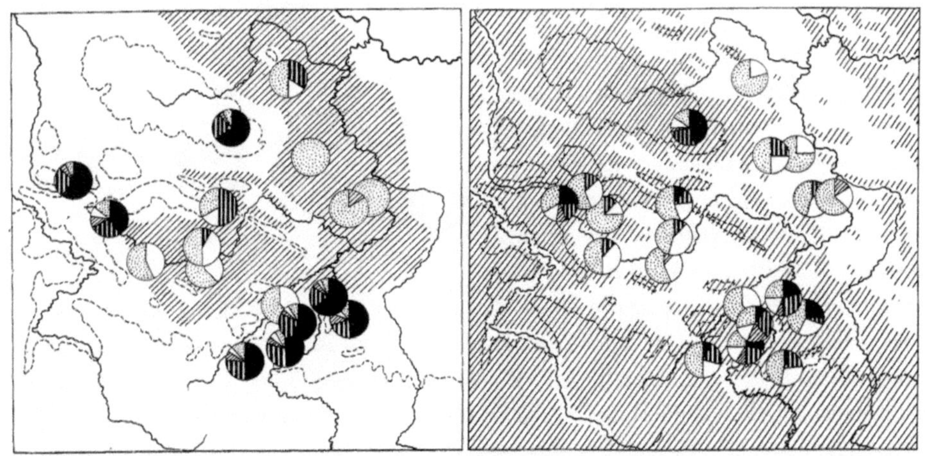

Abb. 9: Verbreitung terrestrischer Mollusken im mittleren Elb-Saalegebiet während des Subboreals (links) und der historischen Zeit (rechts) (MANIA 1995, S. 41) schräg schraffierte Gebiete: Verbreitung der Schwarzerde und degradierten Schwarzerde (links), Verbreitung des frühgeschichtlichen Waldes (rechts)

15

6. 2. Pollenanalyse

6. 2. 1. Methodik und Verwertbarkeit

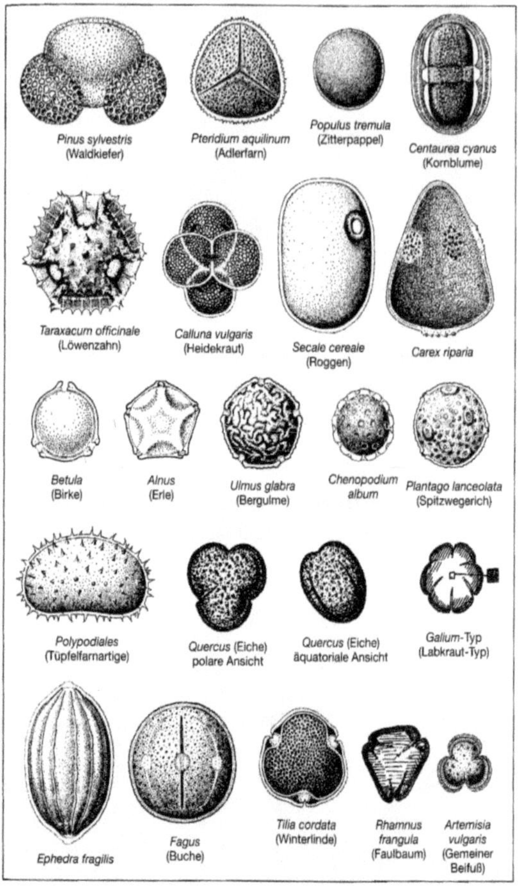

Die Palynologie untersucht die in Sedimenten enthaltenen Pollenkörner von Blütenpflanzen, sowie Sporen der Farne und Moose. Sehr häufig schließt im terminologischen Gebrauch der Begriff „Pollen" auch gleich die Sporen mit ein. In der vorliegenden Arbeit soll dies zur Vereinfachung auch so gehandhabt werden. Es handelt sich bei der Pollenanalyse um eine probate Methode, frühere Vegetationsverhältnisse und deren Entwicklung zu rekonstruieren. Zudem können relative Altersansprachen pollenführender Sedimente vorgenommen werden (JANKE, S. 370). Der Nutzen der Pollen für die Biostratigraphie und Paläoökologie besteht in dem Umstand, dass die äußere Zellwand der Pollenkörner (die Exine) aus einer der widerstandsfähigsten Substanzen des Pflanzenreichs aufgebaut ist, dem Sporopollenin. Diese stickstofffreie, polymere Substanz ist sehr säure- und laugenresitent, wird jedoch vom Luftsauerstoff angegriffen, weshalb dem Ablagerungsmilieu

Abb. 10: Häufige Pollen- und Sporenarten (JANKE, S. 379)

entscheidende Bedeutung zukommt (LANG, S. 46). Pollen bleiben überall dort erhalten, wo die biologische und chemische Zersetzung gehemmt wird, d.h. vor allem in feuchter Umgebung und in sehr sauren Böden (SCHWEIZER, S. 19). Zur Aufbereitung werden die pollenführenden Sedimentproben mit HCl, KOH und HF behandelt und einer Acetolyse unterzogen. Karbonate, Huminsäuren und selbst mineralische Materialien lösen sich dadurch auf. Die Pollen reichern sich dank ihrer Säurebeständigkeit dagegen künstlich an und können bestimmt werden (JANKE, S. 371). Anhand ihrer sippenspezifischen Größe - sie rangiert zwischen 2 und 300µm -, morphologischen Form und ihren Aperturen sind die jeweiligen Pollenkörner unterscheidbar (Abb. 10). Die Aperturen sind Austrittsstellen für den Pollenschlauch, sie können entweder rundlich (porat) oder länglich (colpat) sein.

Gewisse Formenkonvergenzen, bzw. langfristige Korrosionsvorgänge der Exine sorgen jedoch dafür, dass einzelne Pflanzenarten nur selten morphologisch zu unterscheiden sind. Bei manchen Pollen kann nur die Familie zweifelsfrei ermittelt werden, so bei den *Apiaceae*, *Poaceae*, *Asteraceae* und *Cyperaceae*. Bei wenig- oder einartigen Gattungen (*Fagus*, *Ilex*, *Carpinus*, *Picea*) ist die Art aber trotzdem recht gut zu approximieren (LANG, S. 46). Dazu ist grundsätzlich anzumerken, dass verschiedene Arten innerhalb einer Familie mitunter diametral unterschiedliche ökologische Standortansprüche haben können. Selbst das ökologische Verhalten einer einzelnen nachgewiesenen Art kann in Abhängigkeit des Konkurrenzdrucks stark schwanken, obschon eine gleichbleibende ökologische Amplitude anzunehmen ist (vgl. SCHWEIZER S. 36). Als Beispiel sei hier *Pinus sylvestris* ins Feld geführt, die sowohl an trockenen, als auch an feuchten Standorten anzutreffen ist. Zu den weiteren Problemen der Pollenanalyse zählt, dass sich Pollenproduktion und -transportfähigkeit bestimmter Arten stark unterscheiden, was das spätere Pollenspektrum maßgeblich verzerren kann. So produzieren windblütige Pflanzen ein Vielfaches an Blütenstaub verglichen mit insektenblütigen Pflanzen und der äolische Transport ist von der Größe und dem Gewicht der Pollenkörner abhängig. Der Transportweg reicht von wenigen zehner Metern bis zu tausenden von Kilometern (LANG, S. 48 ff). Diese unterschiedlichen Transportdistanzen stehen in einem engen Abhängigkeitsverhältnis zur Größe des Ablagerungsgebietes (siehe Abb. ??). In Seen und Mooren mit einem Durchmesser von unter 30 m überwiegt lokaltransportierter Pollen, bei mittleren Durchmessern steigt der Anteil regionaltransportierter Pollen und bei Durchmessern jenseits von einem Kilometer finden sich vorrangig regionaltransportierte Pollen, dicht gefolgt von ferntransportierten. Dies alles führt zu einer typischen Über-, bzw. Unterrepräsentation bestimmter Taxa. FAEGRI & IVERSON (1950, zit. in LANG, S. 51) benennen drei Repräsentationsgruppen:

(a) **vierfach übervertretene Taxa**, wie *Pinus*, *Alnus*, *Betula* und *Corylus*,
(b) annähernd **richtig vertretene Taxa**, wie *Abies*, *Picea*, *Fagus*, *Fraxinus*, *Quercus*, *Ulmus*
(c) Taxa, deren Pollen nur zu einem Viertel im Pollenspektrum reflektiert werden, die also stark **untervertreten** sind, wie *Larix*, *Acer* und *Tilia*.

Für die Interpretation schlagen FAEGRI & IVERSON zur statistischen Bereinigung der Ergebnisse einen entsprechenden Korrekturfaktor vor. SCHWEIZER (S. 36) unterstreicht zudem, dass die überlieferten Pollenspektren, auch wenn statistisch bereinigt, nur einen Teil der ehemals existenten Pflanzengesellschaft darstellen. Die Gesellschaften selbst hingegen sind demnach kaum zu rekonstruieren.

6. 2. 2. Zu den Besonderheiten der Palynologie in Lössgebieten

Die Lössregion zwischen Saale und Elbe ist, im Gegensatz beispielsweise zum jungquartären Norddeutschen Tiefland mit dessen zahlreichen Seen und Mooren, relativ arm an organogenen Sedimenten, die für eine pollenkundliche Untersuchung geeignet wären (LITT 1992b, S. 86). Im Wesentlichen gibt es hier zwei verschiedene Typen von potentiellen Pollenlagerstätten. Zum einen Verlandungsmoore in Altarmen von Flüssen, zum anderen Niedermoore oder Versumpfungsmoore, die sich in Mulden und Tiefenlinien in Abhängigkeit von minerogenem Grundwasser bilden. Letztere besitzen eine relativ kleine Ausdehnung und trocknen periodisch zeitweilig aus. Entsprechend weisen die enthaltenen Pollen einen mittleren bis hohen Zersetzungsgrad auf (SCHWEIZER, S. 29 f). Moore, die im Spätglazial und Frühholozän entstanden sind, zeigen zudem für die Zeit des Atlantikums schlechte Erhaltungsbedingungen aufgrund des damaligen warm-trockenen Klimas. Häufig fehlen in Moorprofilen die organogenen Sedimente dieses Zeitraums völlig (SCHWEIZER, S. 31). Solch zeitweilige Austrocknungserscheinungen der Moore in Lössgebieten bergen besonders die Gefahr der selektiven Korrosion der Pollenkörner. Nur die widerstandsfähigsten bleiben erhalten, wogegen einige der weniger beständigen bisweilen auch den Prozess der Probenaufbereitung nicht überdauern (SCHWEIZER, S. 32). Das Auffinden von analysierbaren Sedimenten gestaltet sich mit weniger als einem Prozent vermoorter Flächen in Lössgebieten also sehr schwierig (SCHWEIZER, S. 30). Dementsprechend existiert nur eine geringe Zahl von Pollenprofilen, welche die postglaziale und holozäne Vegetationsentwicklung nachvollziehen lassen. Diesen wenigen Profilen jedoch sind die Interpretationen ihrer Ergebnisse weitgehend gemein. Sie weisen zumeist eine geschlossene Bewaldung seit dem Präboreal bis zum Beginn des Neolithikums aus, die erst nach der Besiedlung durch die Ackerbaukulturen eine Auflichtung und mithin einen steigenden Anteil kulturfolgender Pflanzenarten erfahren hat (LITT 1992b, S.90). Die Profile des Gatterslebener Sees und Salzigen Sees, untersucht von MÜLLER (1953), des Süßen Sees (LANGE 1965), sowie zwei Untersuchungen aus Zöschen und Eilsleben von LITT (1992a), zählen zu den häufigst referenzierten. Das Zöschener Profil soll im Folgenden eine nähere Besprechung erfahren.

6. 2. 3. Das Profil Zöschen – Ein palynologischer Befund im Untersuchungsgebiet

Das Profil Zöschen liegt in einer Paläorinne in der Aue der Weißen Elster, nahe der Mündung in die Saale, kann also unter den räumlichen Maßgaben dieser Arbeit in Betracht gezogen werden. In unmittelbarer Nähe des Flusstals ist bandkeramische Anwesenheit archäologisch belegt. Die pollenführenden Sedimentproben sind einem torfigen Horizont entnommen worden, welcher direkt die fluvialen Ablagerungen überlagert. Im Hangenden wird dieser Horizont scharf von

Hochflutsedimenten begrenzt. Somit enthält das Profil Daten von der Jüngeren Dryas (Pollenzone III) bis zum mittleren Atlantikum (Pollenzone VII) (LITT, 1992a, S. 70). Da für diese Arbeit vor allem das Verhältnis zwischen Baumpollen (AP) und Nichtbaumpollen (NAP) von Interesse ist, wird in Abb. 10 lediglich ein verkürztes Diagramm präsentiert. Daran kann die postglaziale Vegetationssukzession optisch nachvollzogen werden. Waren in Pollenzone III noch heliophile Taxa, wie *Artemisia, Helianthemum, Chenopodiaceae* und *Juniperus* stark vertreten, nimmt deren Einfluss proportional zum Ansteigen der Kiefern- und Birkenpollen bis zum Präboreal/ Boreal (Zone IV/ V)) ab. Obgleich unter den AP *Corylus, Quercus, Ulmus, Alnus* und *Tilia* hinzugekommen sind, bleibt der Einfluss der Kiefernpollen auch im Verlauf des Boreals ungewöhnlich dominant. LITT (1992a, S. 70) schreibt dies der Toleranz der Kiefer gegenüber den trocken-alkalischen Bedingungen des Mittelelbe-Saale-Gebietes zu. Dieser relativen Trockenheit ist wohl auch die geringe Vertretung von Bäumen feuchter und nasser Böden, wie Ulmus und Alnus geschuldet (ebd.). Ab dem Beginn des Atlantikums (Pollenzone VI) ist ein Anstieg der NAP, besonders der *Poaceae, Cyperaceae* und *Chenopodiaceae*, zu Ungunsten der AP zu verzeichnen. Da mit neolithischem Einfluss in diesem Gebiet erst ab ca. 5500 v. Chr. , also gegen Ende von Pollenzone VI gerechnet werden kann (LITT 1992a, S. 70, vgl. OEXLE 2000), wird diese Entwicklung mit Unstetigkeiten in der Wasserversorgung und morphologischen Veränderungen der Uferbänke erklärt (LITT 1992a, S. 71). Womöglich haben auch klimatische Veränderungen diese Auflichtung bewirkt, oder mesolithische Kulturen durch frühe Viehhaltung und Brandrodung. Hierfür gibt es zunehmend Hinweise aus mehreren Regionen Europas (z.B. SCHWEIZER, S.87). Der Anteil der AP hat also bei Erscheinen der Linienbandkeramiker – belegt durch Einsetzen der Getreidepollen (*Cerealia*) – nur etwa 60% betragen, was einen dicht geschlossenen Wald schwer vorstellbar erscheinen lässt. Im Zöschener Profil folgt kurze Zeit nach dem Einsetzen der ersten *Cerealia* der korrelate lithologische Wechsel durch die Sedimentation des Auenlehms. Somit lässt sich für den weiteren Rückgang der Baumpollen im späten Atlantikum starke Rodungsaktivität und einhergehende Bodenerosion annehmen.

Dieses Pollenprofil wird von anderen Autoren häufig als Beleg für die flächendeckende Bewaldung der Region im Prä- und Frühneolithikum herangezogen (z.B. ECKMEIER et al., S. 293), jedoch ist diese Interpretation nicht überzeugend. Vielmehr lässt die Verteilung von Baum- und Nichtbaumpollen im betreffenden Zeitraum ebenso die Vorstellung einer halboffenen, lichter bewaldeten Landschaft zu. Dies wäre auch in Einklang mit den Ergebnissen von MÜLLER (1953, S. 53) aus seinen Profilen des Ascherslebener und Gaterslebener Sees. Anteil und Komposition der NAP lassen dort durchaus das Vorkommen großer waldfreier Gebiete zu. Insgesamt hält er allerdings eine Waldbedeckung der Region spätestens ab dem Atlantikum für wahrscheinlicher (MÜLLER, S. 54). LANGE (1965, S. 40) hingegen vermag infolge ihrer Untersuchungen kaum Hinweise auf postglaziale Steppen im mitteldeutschen Trockengebiet auszumachen.

Erinnert werden soll angesichts solch scheinbar widersprüchlicher Aussagen an die methodischen

Schwierigkeiten der Pollenanalyse im Allgemeinen, speziell in Lössgebieten. So kann das organogene Sediment bereits während seiner Bildung einem schwankenden Wasserspiegel und mithin zeitweiliger Austrocknung unterlegen haben, was zu oben beschriebener selektiver Korrosion und damit Ergebnisverzerrung führen kann. Auch findet sich bei LITT (1992a) keinerlei Hinweis auf eine statistische Bereinigung der verschiedenen Repräsentationsgruppen nach FAEGRI & IVERSON (siehe oben). Die beschriebenen Ergebnisse des Profil Zöschen sind also nicht unbedingt für das gesamte mitteldeutsche Trockengebiet als repräsentativ zu erachten, nicht zuletzt auch wegen der generellen Armut an solchen Profilen in der Region.

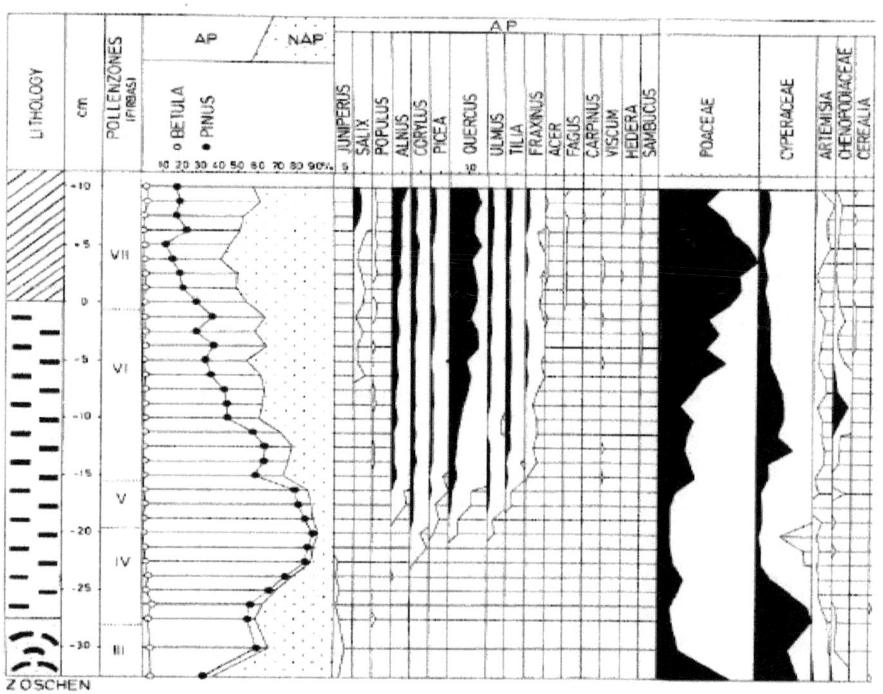

Abb. 11: Das Pollenprofil von Zöschen/ Weißelstertal (LITT 1992a, S. 74)

7. Zum Beitrag der Bodenkunde

Auffälligerweise ist die Verbreitung der Schwarzerden im regionalen Maßstab weitgehend deckungsgleich mit der Siedlungsplatzverteilung der Bandkeramik (s. Abb. 11; 12). Sich näher mit ihnen zu befassen, scheint also notwendig und sinnvoll. Aufgrund der integralen Bildung in Abhängigkeit multipler Faktoren wie Klima, Vegetation und auch Landnutzung, sowie einer scheinbaren Affinität der bandkeramischen Siedler zu diesem Bodentyp, kommt der Schwarzerde eine zentrale Rolle bei der Rekonstruktion prähistorischer Landschaftsgeschichte zu. Dazu muss der Versuch unternommen werden, die Wechselwirkungen und Abhängigkeiten der Bildungsfaktoren so gut als möglich zu entwirren. Seit V. V. Dokutschajews Untersuchungen russischer Böden im späten 19. Jahrhundert gelten Tschernoseme als Steppenbildungen aus enger Zusammenwirkung von Klima, Vegetation und Fauna (Ehwald 1984, S. 5). Seine Ergebnisse bestimmen noch heute im Wesentlichen den Kenntnisstand der Bodenkunde. Die in den Lehrbüchern zu findende Darstellung ist dabei weitgehend einhellig (z.B EITEL, S. 105 f; KUNTZE et al., S. 304 f; SCHEFFER & SCHACHTSCHABEL, S. 494). Danach entstehen Schwarzerden aus mergeligem Lockergestein, meist Löss. Für die Entwicklung ist die vorwiegend aus *Stipa-*, *Koeleria-*, *Festuca-* und *Artemisia-*Arten, also Gräsern und Kräutern bestehende Steppenvegetation maßgeblich, deren Phytomasse infolge gehemmter biologischer Aktivität durch heiß-trockene Sommer und kalte Winter zwar humifiziert, doch nur teilweise remineralisiert wird. Wühlende Nagetiere und Regenwürmer bewirken die Einarbeitung der organischen Substanz in den Boden. Im Gegenzug wird fortwährend unverwittertes, kalkreiches Material nach oben befördert, was die chemische Neutralität des Bodens erhält.

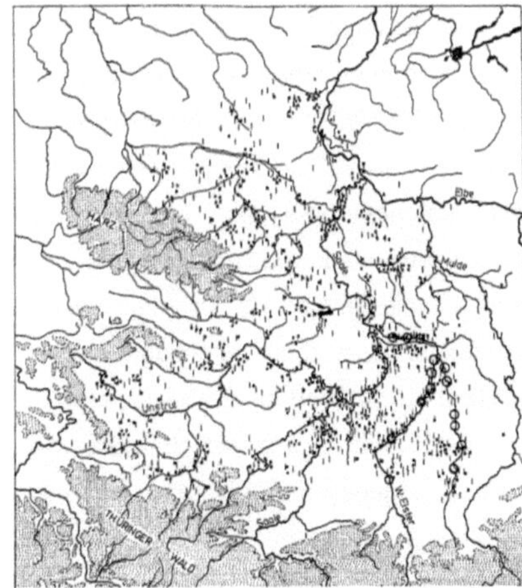

Abb. 12: Fundstellen der Bandkeramik im Elb-Saalegebiet (LITT 1992b, S. 89)

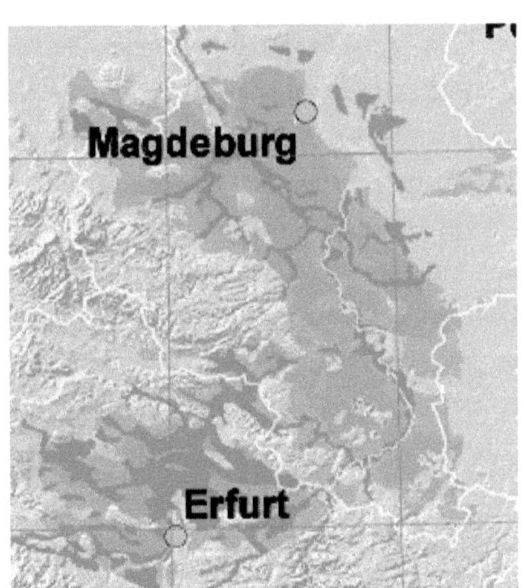

Abb. 13: Verbreitung der Schwarzerden und degradierten Schwarzerden (BGR)

Diese Bioturbation ist häufig durch mit humosem Material gefüllte Grabgänge (Krotowinen) im Ausgangssubstrat oder helle Flecken im Humushorizont zu belegen. So konnte im Laufe der Zeit ein über 40 cm mächtiger Mull-Axh akkumuliert werden, welcher 10-16% organisches Material beinhaltet. Dabei bilden die stark vertretenen Huminsäuren mit den Tonmineralen stabile, dunkle Ton-Humus-Komplexe, welche für die intensive Schwarzfärbung verantwortlich zeichnen. Die notwendige Grabtiefe des wühlenden Edaphons zum Entgehen der sommerlichen Hitze wie auch winterlichen Gefrornis markiert die untere Begrenzung der Oberboden-, bzw. Übergangshorizonte. Neuerdings wird die Mächtigkeit des Oberbodens zunehmend auch mit der vertikalen Erstreckung der periglaziären Hauptlage in Verbindung gebracht (ALTERMANN et al., S. 729).

Dieses von Dokutschajew für rezente osteuropäische Steppen geprägte Paradigma erfuhr eine nahezu unveränderte Übertragung auf mitteleuropäische Schwarzerdeböden (ECKMEIER et al. , S. 288). Die meisten Autoren und Lehrbücher (z.B SCHEFFER & SCHACHTSCHABEL, S. 494) setzen den Bildungszeitraum der hiesigen Tschernoseme in das Präboreal und Boreal (ca. 9600-6800 v. Chr). Allmähliche Wiederbewaldung und humider werdendes Klima führte dann ab dem Mittelholozän zur Degradation durch Entkalkung und einer Weiterentwicklung in Richtung Parabraunerde/Griserde, indem die Ton-Humus-Komplexe vertikal verlagert wurden (versch. Autoren zit. in SAILE & LORZ, S. 122). Doch blieb die Degradation in einigen Gebieten offenbar aus, in denen die Schwarzerden bis heute überliefert sind. Beackerung durch die Neolithiker, lokaler plötzlicher Grund- oder Stauwassereinfluss und besonders eine ausgeglichene bis negative Wasserbilanz zeigten wohl eine konservierende Wirkung (SCHEFFER & SCHACHTSCHABEL, S. 495). Die notwendigen klimatischen Bedingungen gelten für Mitteleuropa bei einem durchschnittlichen jährlichen Niederschlag von unter 500 mm als erfüllt (ECKMEIER et al., S. 294), Bedingungen, wie sie also im Mitteldeutschen Trockengebiet verbreitet anzufinden sind.

Sowohl die Entstehungszeit mitteleuropäischer Tschernoseme (Spätglazial oder Holzän) als auch die Vegetationsbedingungen (Steppe oder Wald) sind aber wiederholt Gegenstand kontroverser bodenkundlicher Diskussionen gewesen (SEMMEL, S. 74f). So gehen ALTERMANN & MANIA (1968, S. 547), von der Lehrmeinung abweichend, für das mitteldeutsche Trocken- und Halbtrockengebiet von einer Humusakkumulation der Tschernoseme bereits seit dem Spätglazial aus. Hinweise darauf lieferte ein begrabener Boden am Ascherslebener See, den sie aufgrund seines engen C/N-Verhältnisses, seiner dunklen Färbung und seines hohen Huminsäureanteils als Initialstadium einer Schwarzerde einstuften. Innerhalb des Humushorizontes ist 5 bis 10 cm mächtiger Laacher-See-Tuff eingelagert, wodurch er zweifelsfrei in die Allerödzeit zu datieren ist. EHWALD (1980, S. 156) hält beispielsweise in demselben Gebiet die Entstehung/Konservierung von Schwarzerden unter Wald für möglich. Aus anderen Schwarzerdegebieten ist hingegen deren Degradation unter Waldbedeckung binnen weniger Jahrzehnte bekannt (PINNO & BÉLANGER für Sasketchewan/ Kanada).

In jüngerer Zeit hat sich abseits dieser bekannten Kontroversen eine neue Diskussion ergeben, die

die Eigenschaften und Pedogenese berührt und eine neolithische Einflussnahme unterstellt. SCHMIDT et al. (S. 363) konnten erstmals aus den Ah-Horizonten hiesiger Böden mit schwarzerdeartigen Eigenschaften pyrogenen (Black Carbon [BC]) oder holzkohlebürtigen (Charred Organic Carbon [COC]) Kohlenstoff extrahieren. Dem Vernehmen nach betrug der COC-Anteil am gesamten organischen Kohlenstoff der untersuchten Oberböden bis zu 45%, wohingegen die Extraktion in einem Alisol, sowie einem Gleysol jeweils etwa 10% ergab (SCHMIDT et al., S. 358). COC wird als eine polyaromatische, extrem widerstandsfähige Substanz beschrieben, deren Bildung an Vegetationsbrände gebunden ist. Diese Holzkohle tritt jedoch nicht in Partikelgröße, sondern sehr fein verteilt auf (GEHRT et al., S. 24). Ob es sich dabei allerdings um natürliche Feuer oder intendierte neolithische Brandrodung handelt, lassen SCHMIDT et al. (S. 363) zunächst offen, wobei die feine Verteilung jedoch nahe legt, dass die Verbrennungsrückstände eher von Gräsern und Kräutern denn von Bäumen herrühren.

In der Folge erschien ein ganze Reihe von Publikationen, die im Gegensatz zu SCHMIDT et al. den pyrogenen Kohlenstoff unmissverständlich speziell mit bandkeramischen Umtrieben in Verbindung bringen (z.B. GEHRT et al.; GERLACH et al.; KLEBER et al.; ECKMEIER et al.). Danach seien die mitteldeutschen Schwarzerden großteils neolithische, durch anthropogene Feuer induzierte Bildungen. Mit dieser Vorstellung wird auch versucht, die oft lithologisch und klimatisch schwer zu fassende Patchwork-artige Verteilung der Schwarzerden zu erklären (KLEBER et al., S. 292f). Am vorherrschenden klimo-genetischen Modell Dokutschajews wird die Voreingenommenheit und die oft tendenziöse Sicht kritisiert. Es gebe beispielsweise südlich von München einen Boden, der alle Eigenschaften einer Schwarzerde besitzt, aber aufgrund der recht hohen lokalen Niederschläge stets als humose Braunerde (Humic Cambisol) klassifiziert worden ist (SCHMIDT et al., S. 352). Das tradierte Modell einer natürlichen Schwarzerdeentwicklung steht mithin grundsätzlich auf dem Prüfstand, schließlich erachtet man weder Steppenbedingungen noch Bioturbation als eine zwingende Vorraussetzung für die Bildung (GEHRT et al., S. 23). Grundsätzlich ist dem entgegenzuhalten, dass das Fehlen größerer Holzkohlestücke, (die bei Brandrodung unwillkürlich entstehen würden) eine weitgehend fehlende Waldbestockung (i.e. Steppenbedingungen) durchaus notwendig erscheinen lassen, um das fein verteilte COC zu erklären. Als Beweis für den bandkeramischen Beitrag zur Pedogenese wird u.a. auch die kartographische Übereinstimmung der Siedlungsplätze und der Schwarzerdeverteilung aufgeführt (GEHRT et al., S. 26), sowie die mit schwarzen Substraten gefüllten Siedlungsgruben, die bandkeramische Fundplätzen stets begleiten (GERLACH et al., S. 48).

Die kartographische Kongruenz lässt freilich auch die umgekehrte Lesart zu, nämlich, dass die frühen Ackerbauern sich bevorzugt in den Tschernosemgebieten niederließen (s. Kapitel 4.2.; Abb. 11/ 12). Was nun die dunklen Grubenfüllungen anbelangt, so hat Jäger (zit. in EHWALD 1980, S. 160) mit Nachdruck konstatiert, diese seien bloße „mineralisierte Konzentrationen prähistorischen Abfalls". Gestützt auf neueste archäologische Erkenntnisse wird diese Meinung auch von MELLER

(S. 30) geteilt. SAILE & LORZ (S. 133) monieren u.a. das Fehlen eines glaubhaften Modells zur Einmengung der pyrogenen organischen Substanz auf nicht-bioturbate Weise, räumen aber ein, dass die Existenz von Verbrennungsrückständen in der humosen Bodensubstanz von Schwarzerden in das bestehende Paradigma der Bodenbildung aufgenommen werden muss. Die unterstellte Entwicklungszeit der Schwarzerde im und seit dem Neolithikum muss durch Befunde von Altermann & Mania (S. 554) relativiert werden. Ihr Profil vom Salzigen See zwischen Halle und Eisleben zeigt einen typischen Tschernosem, der durch Seemergel-Sedimentation fossilisiert worden ist. Da die Pollenführung im Grenzbereich Seemergel/Tschernosem dem Atlantikum entspricht, kann von einer vollständigen Ausprägung dieses Bodentyps bereits bei Eintreffen der Neolithiker (just im späteren Atlantikum) ausgegangen werden. Auch SCHEFFER & SCHACHTSCHABEL (S. 494) halten die Schwarzerdebildung mit Einsetzen eines humideren Klimas im Atlantikum für beendet. So bleibt seitens der Bodenkunde Raum für Spekulation, ob die Neolithischen Ackerbauern von Südosten kommend extrazonale Flecken mit Steppenrelikten auf Schwarzerdestandorten oder einen ebenmäßig geschlossenen (aber sicher recht lichten) Wald besiedelten. Der offenbare geographische Zusammenhang zwischen der Linienbandkeramik und den Tschernosemen wird mit hoher Wahrscheinlichkeit eher durch den konservierenden Charakter des Ackerbaus als durch den postulierten substratschaffenden Charakter intendierter Flächenbrände bedingt.

8. Synopsis

Der interdisziplinäre Ansatz zur Klärung der paläoökologischen Bedingungen während der neolithischen Landnahme macht den Reiz aber auch die Schwierigkeit dieser Forschung aus. So liefern die verschiedenen Fachrichtungen und Teidisziplinen unterschiedliche Erkenntnisse zur Frage der Wald-Offenland-Verteilung dieser Zeit, was sicher zum Teil an differierenden Zielsetzungen, Maßstabsebenen, Herangehensweisen und eben auch Voreingenommenheiten liegt. Selbst innerhalb einzelner Wissenschaftszweige herrscht oft Uneinigkeit über die Bewertung spezieller Befunde. Nach Prüfung multipler fachlicher Kontributionen lässt sich gleichwohl in jedem Fall konstatieren, dass eine Beziehung linienbandkeramischer Siedlungsplätze zu einem Landschaftsraum mit gewissem Offenheitsgrad der Vegetation wahrscheinlich besteht. Die weitgehende räumliche Kongruenz entsprechender archäologischer Fundstellen mit dem mitteldeutschen Trockengebiet, sowie der Verbreitung der xerothermen Vegetation, der Schwarzerden und der Steppenmollusken stellen zumindest eine verdichtete Indizienlage dar. Nicht geklärt ist hingegen, ob dieser Steppenheide-Charakter in Bezug auf die linienbandkeramische Besiedlung notwendige Vorraussetzung oder Handlungsergebnis war. Die Palynologie scheint die Lesart einer flächendeckenden primären Bewaldung

Mitteldeutschlands seit dem Präboreal zu favorisieren, welche später anthropo-zoogen durch Waldweide, Holzeinschlag und Brandrodung aufgelichtet worden ist. Allerdings zeigt das Pollenprofil aus Zöschen von LITT (1992a) ein starkes Ansteigen der Nichtbaumpollen bereits im frühen Atlantikum, also vor Eintreffen der bandkeramischen Ackerbauern. Möglicherweise existierte also sogar im Präneolithikum schon eine planvolle Nutzung des Waldes seitens mesolithischer Gruppen durch Waldweide, Brandrodung (POTT, S. 67) oder Bautätigkeit. Hinweise auf Holznutzung enormen Ausmaßes sind im polnischen Biskupin gefunden worden. Für eine dortige Wehrsiedlung aus dem 8. vorchristlichen Jahrtausend sind fast 30.000 binnen weniger Jahre geschlagene Eichenstämme verbaut worden. Auch eine Auflichtung der Wälder durch Großherbivoren wird in Betracht gezogen (MIEHE, S. 291).

Malakoanalytischen Untersuchungen von MANIA (1995) zufolge bedurfte es im mitteldeutschen Trockengebiet keiner Walddegradation, um Offenlandflächen zu generieren. Ihmzufolge zeigt die Verbreitung von typischen Steppenmollusken im fraglichen Zeitraum das mangelnde Vorhandensein von Waldungen an. Doch offenbar liegt dieser Widerspruch zur Pollenkunde (nebst allen methodischen Vorbehalten) auch im Betrachtungsmaßstab begründet. Pollenspektren gestatten Rückschlüsse auf die regionale Vegetationsentwicklung, Mollusken lassen auf lokale Entwicklung schließen (SAILE & LORZ, S. 123). Die Archäologie mahnt derweil, den umfassenden Holzbedarf der Linienbandkeramiker für Häuser und Gebrauchsgegenstände, sowie zum Heizen und zur Nahrungszubereitung im Kalkül zu behalten. Eine augenfällige räumliche Assoziation der linienbandkeramischen Aktivitäten mit der heutigen Schwarzerdeverbreitung schließlich spricht eher für Steppenbedingungen. Wobei die fachinternen Dissenzen der Bodenkunde von allen beitragenden Wissenschaften wohl am größten sind.

Eine Interpretation der damaligen Landschaft als kleinräumiges Mosaik von lichten Waldungen, Gebüsch und Offenflächen, welche einerseits das Anlegen von Anbauflächen erlaubt, andererseits die Holznutzung zulässt und dadurch leicht zu degradieren ist, könnte einige der Widersprüche überwinden. Keiner der oben geschilderten Befunde schließt diese Möglichkeit vollkommen aus. Denkbar ist ebenso eine Art Galeriewald, umgeben von offeneren Formationen, wie er in rezenten Trockengebieten vorkommt. Auch KÜSTER (S. 53f) hält eine strikte Trennung von Vegetationsgesellschaften des Offenlandes und solchen des Waldes unter den damaligen Verhältnissen für nicht zutreffend. Eher habe es vielfältige Gradientensituationen zwischen beiden Formationen gegeben, in denen zahlreiche xerotherme Kräuter und Gräser mal stärker mal schwächer vertreten waren.

Interessanterweise ist die Wald-Offenland-Verteilung womöglich aber gar sonderlich relevant für die Siedlungsplatzwahl der Linienbandkeramiker und dieser Forschungszweig mithin obsolet. Im Anhalt an OSTRITZ (S. 342) kann man dieser Kultur vielleicht ausreichendes Wissen um Substrate und geobotanische Zusammenhänge zutrauen, um das für sie ideale Siedlungs- und Wirtschaftsumfeld zu identifizieren. Immerhin war es für sie lebensnotwendig, sich in einem unbekannten Naturraum schnellstmöglich zurecht finden zu können. Auch der Gedanke, man habe zumindest im Frühneolithikum den Schwerpunkt des Wirtschaftens schlichtweg den natürlichen Gegebenheiten angepasst (ebd.), sich also bei geringen Standortqualitäten auf die Viehhaltung gestützt, ist noch recht jung, kann jedoch menschlich und evolutionär kaum überraschen. Gut 100 Jahre nachdem Robert Gradmann seine Steppenheide-Theorie erstmals formulierte zeigt der noch immer währende Diskurs um artverwandte Themen das Verdienst dieses Mannes auf, Landschafts- und Menschheitsgeschichte in einen multikausalen, interaktiven Kontext gestellt zu haben. Seine Thesen liefern nach wie vor Kernfragen für die einzelnen Fachrichtungen. Wiewohl es seit vielen Jahrzehnten anders lautende Stimmen vor allem aus dem Gebiet der Pollenkunde gibt, ist nach Meinung des Autoren Gradmanns Theorie in ihren Grundzügen, ihrer Essenz nicht glaubhaft widerlegt – allerdings ebenso wenig zur Gänze bestätigt.

III Literaturverzeichnis

ALTERMANN, M. (1995): Überblick über die Böden des mittledeutschen Raumes. Mitteilungen der Deutschen Bodenkundlichen Gesellschaft, 77. 27-34

ALTERMANN, M.; RINKLEBE, J.; MERBACH, I.; KÖRSCHENS, M.; LANGER, U.; HOFMANN, B. (2005): Chernozem – Soil of the Year 2005. J. Plant Nutr. Soil Sci. 168, 725-740

BEIER, H.-J.; EINICKE, R. (1994): Das Neolithikum im Mittelelbe-Saale-Gebiet und in der Altmark. Beiträge zur Ur- und Frühgeschichte Mitteleuropas 4

DRUDE , O. & SCHORLER, W. (1895): Die Verteilung östlicher Pflanzengenossenschaften in der sächsischen Elbtaltflora und besonders im Meißner Hügellande. Abh. Der ISIS Dresden

ECKMEIER, E.; GERLACH, E.; GEHRT, E.; SCHMIDT, M. W. I. (2007): Pedogenesis of Chernozems in Central Europe – A review. Geoderma 139, 288-299

EHWALD, E (1980): On the present state of knowledge concerning the distribution of woodland and open grounds in the circum-hercynian dry region during the Holocene.

EHWALD, E. (1984): V. V. Dokučaevs „Russkij černozëm" und seine Bedeutung für die Entwicklung der Bodenkunde und Geoökologie. Petermanns Geographische Mitteilungen 1/84, 1-11

EITEL, B. (1999): Bodengeographie. In: Glawion, R.; Leser, H.; Popp, H.; Rother, K, (Hrsg.).: Das Geographische Seminar.

ELLENBERG, H. (1963): Vegetation Mitteleuropas mit den Alpen in kausaler, dynamischer und historischer Sicht. In: WALTER, H. (Hrsg.): Einführung in die Phytologie. Bd. 4

ELLENBERG, H. (1996): Vegetation Mitteleuropas mit den Alpen in ökologischer, dynamischer und historischer Sicht. 5. Aufl.

GERLACH, R.; BAUMEWERD-SCHMIDT, H.; VAN DEN BORG, K.; ECKMEIER, E.; SCHMIDT, M. W. I. (2006): Prehistoric alteration of soil in the Lower Rhine Basin, Northwest Germany. Geoderma 136, 38-50

GEHRT, E.; GESCHWINDE, M.; SCHMIDT, M. W. I. (2002): Neolithikum, Feuer und Tschernosem – oder: Was haben die Linienbandkeramiker mit der Schwarzerde zu tun?. Archäologisches Korrespondenzblatt 32, 21-30

GRADMANN, R. (1901): Das mitteleuropäische Landschaftsbild nach seiner geschichtlichen Entwicklung. Geographische Zeitschrift 7, 361-377

GRADMANN, R. (1906): Beziehungen zwischen Pflanzengeographie und Siedlungsgeschichte. Geographische Zeitschrift 12, 305-325

GRADMANN, R. (1924): Die postglazialen Klimaschwankungen Mitteleuropas. Geographische Zeitschrift 30, 241-263

GRADMANN, R. (1933): Die Steppenheidetheorie. Geographische Zeitschrift 39, 265-278

JÄGER, K.-D.; NEUHÄUSL, R. (1992): Interactions between natural environment and neolithic man in Central Europe. In: FRENZEL, B. (Hrsg.): Evaluation of land surfaces cleared from forests by prehistoric man in Early Neolithic times and the time of migrating Germanic tribes. Paläoklimaforschung, Bd. 8, 83-91

JANKE, W. (2000): Geochronologie. In: BARSCH, H.; BILLWITZ; K., BORK, H.-R. (Hrsg.): Arbeitsmethoden in Physiogeographie und Geoökologie.

KLEBER, M.; RÖßNER, J.; CHENU, C.; GLASER, B.; KNICKER, H.; JAHN, R. (2003): Prehistoric alteration of soil properties in a central German chernozemic soil: In search of pedologic indicators for prehistoric activity. Soil Science 168, 292-306

KRAUSE, E. H. L. (1894): Die Steppenfrage. Globus 65, 1-6

KUGLER, H.; VILLWOCK, G. (1995): Geomorphologie des mitteldeutschen Raumes. Mitteilungen der Deutschen Bodenkundlichen Gesellschaft, 77. 23-26

KUNTZE, H.; ROESCHMANN, G.; SCHWERDTFEGER, G. (1994): Bodenkunde. 5. Aufl.

LANG, G. (1994): Quartäre Vegetationsgeschichte Europas.

LANGE, E. (1965): Zur Vegetationsgeschichte des zentralen Thüringer Beckens. Drudea, Bd. 5, 3-58

LITT, T. (1992a): Fresh investigations into the natural and anthropogenically influenced vegetation of the earlier Holocene in the Elbe-Saale Region, Central Germany. Vegetation History and Archaeobotany; Bd. 1, 69-74

LITT, T. (1992b): Investigations on the extent of the Early Neolithic settlement in the Elbe-Saale region and on its influence on the natural environment. In: Frenzel, B. (Hrsg.): Evaluation of land surfaces cleared from forests by prehistoric man in Early Neolithic times and the time of migrating Germanic tribes. Paläoklimaforschung, Bd. 8, 83-91

LOŽEK, V. (1986): Mollusca analysis. In: BERGLUND, B., E. (Hrsg.). Handbook of Holocene palaeoecology and palaeohydrology. 729-740

MANIA, D. (1972): Zur spät- und nacheiszeitlichen Landschaftsgeschichte des mittleren Elb-Saalegebietes. Hall. Jb. Mitteldt. Erdgesch. 11, 7-36

MANIA, D. (1973): Paläoökologie, Faunenentwicklung und Stratigraphie des Eiszeitalters im mittleren Elb-Saalegebiet auf Grund von Molluskengesellschaften. Geologie Beiheft 78/79, 1-175

MANIA, D. (1995): Zur Paläoökologie des Saalegebietes und Harzvorlandes im Spät- und Postglazial. Mitteilungen der Deutschen Bodenkundlichen Gesellschaft, 77. 35-39

MELLER, H. [Hrsg.] (2008): Lebenswandel. Früh- und Mittelneolithikum. Begleitheft zur Dauerausstellung im Museum für Vorgeschichte Halle, Bd. 3, 1-234

MIEHE, G. (2002): Steppenheidetheorie. Eintrag in: BRUNOTTE, E.; GEBHARDT, H.; MEURER, M.; MEUSBURGER, P.; NIPPER, J. (Hrsg.): Lexikon der Geographie in vier Bänden, Bd. 3, 290-291

MODDERMANN, P. J. R. (1992): Speculations on the earliest attack of farming communities on their environment in continental Europe. In: FRENZEL, B. (Hrsg.): Evaluation of land surfaces cleared from forests by prehistoric man in Early Neolithic times and the time of migrating Germanic tribes. Paläoklimaforschung, Bd. 8, 39-40

MORRISSEY, C. (2002): Steppenheide und Wald: Die siedlungsgeographischen Arbeiten Robert Gradmanns unter dem Blickwinkel neuerer archäologischer und archäobotanischer Forschungen in Südwestdeutschland. In: SCHENK, W. (Hrsg.): Robert Gradmann: Vom Landpfarrer zum Professor für Geographie. 95-115

MÜLLER, H. (1953): Zur Spät- und nacheiszeitlichen Vegetationsentwicklung des mitteldeutschen Trockengebietes. Nova Acta Leopoldina, N.F.16, 1-67

OEXLE, J. [Hrsg.] (2000): Sachsen: archäologisch – 12000 v. Chr. bis 2000 n. Chr.. - Katalog zur Ausstellung „Die sächsische Nacht", Dresden.

OSTRITZ, S. (1991): Zur Siedlungsplatzwahl der bandkeramischen Kultur. Ethnographisch-Archäologische Zeitschrift 32, Heft 2, S. 332-343

PINNO, B. D.; BÉLANGER, N. (2008): Ecosystem carbon gains from afforestation in the Boreal Transition ecozone of Saskatchewan (Canada) are coupled with the devolution of Black Chernozems. Agriculture Ecosystems & Environment 123, 56-62

PREUß, J. [Hrsg.] (1998): Das Neolithikum in Mitteleuropa, Bd. 1

SABEL, K. J. (1983): Die Bedeutung der physisch-geographischen Raumausstattung für das Siedlungsverhalten der frühesten Bandkeramik in der Wetterau (Hessen). Praehistorische Zeitschrift 58, 158-172

SAILE, T.; LORZ, C. (2003): Anthropogene Schwarzerdegenese in Mitteleuropa? Ein Beitrag zur aktuellen Diskussion. Praehistorische Zeitschrift 78, 121-139

SCHEFFER, F.; SCHACHTSCHABEL, P. (2002): Lehrbuch der Bodenkunde. 15. Aufl., neu bearb. u. erweitert von BLUME, H.-P. et al.

SCHENK, W. (2002): Robert Gradmann als Siedlungsgeograph und Landeskundler. In: SCHENK, W. (Hrsg.): Robert Gradmann: Vom Landpfarrer zum Professor für Geographie. 69-94

SCHMIDT, M. W. I.; SKJEMSTAD, J. O.; GEHRT, E.; KÖGEL-KNABNER, I. (1999): Charred organic carbon in German chernozemic soils. European Journal of Soil Science 50, 351-365

SCHWEIZER, A. (2001): Archäopalynologische Untersuchungen zur Neolithisierung der nördlichen Wetterau/Hessen. Dissertationes Botanicae; Bd. 350

SEMMEL, A. (1993): Grundzüge der Bodengeographie. 3. überarb. Aufl.

SCHUHMANN, A.; MÜLLER, J. (1995): Klimatologische Kennzeichnung des mitteldeutschen Trockengebietes. Mitteilungen der Deutschen Bodenkundlichen Gesellschaft, 77. 43-48

WEINERT, E. (1995): Die Vegetationsverhältnisse des mitteldeutschen Raumes. Mitteilungen der Deutschen Bodenkundlichen Gesellschaft, 77. 49-56

Verzeichnis der Internetquellen

BGR (Bundesanstalt für Geowissenschaften und Roffstoffe): Boden des Jahres 2005.
www.bgr.bund.de. Zugriff am 07.01.2008